Sitzungsberichte der Heidelberger Akademie der Wissenschaften
Mathematisch-naturwissenschaftliche Klasse
Jahrgang 1992, 4. Abhandlung

Christoph Rüchardt

Radikale
Eine chemische Theorie in historischer Sicht

Vorgetragen in der Sitzung vom 11. Juli 1992

Springer-Verlag
Berlin Heidelberg New York
London Paris Tokyo
Hong Kong Barcelona
Budapest

Prof. Dr. Christoph Rüchardt
Institut für Organische Chemie und Biochemie
der Universität Freiburg
Albertstr. 21
W-7800 Freiburg i. Br.

Die Deutsche Bibliothek – CIP-Einheitsaufnahme
Rüchardt, Christoph. Radikale: Eine chemische Theorie in historischer Sicht/Christoph Rüchardt.
Berlin; Heidelberg; New York; London; Paris; Tokyo; Hong Kong; Barcelona; Budapest: Springer 1992
(Sitzungsberichte der Heidelberger Akademie der Wissenschaften,
Mathematisch-Naturwissenschaftliche Klasse; Jg. 1992, Abh. 4)
ISBN-13: 978-3-540-56133-0   e-ISBN-13: 978-3-642-46784-4
DOI: 10.1007/978-3-642-46784-4
NE: Heidelberger Akademie der Wissenschaften / Mathematisch-Naturwissenschaftliche Klasse:
Sitzungsberichte der Heidelberger ...

Dieses Werk ist urheberrechtlich geschützt. Die dadurch begründeten Rechte, insbesondere die der Übersetzung, des Nachdrucks, des Vortrags, der Entnahme von Abbildungen und Tabellen, der Funksendung, der Mikroverfilmung oder der Vervielfältigung auf anderen Wegen und der Speicherung in Datenverarbeitungsanlagen, bleiben, auch bei nur auszugsweiser Verwertung, vorbehalten. Eine Vervielfältigung dieses Werkes oder von Teilen dieses Werkes ist auch im Einzelfall nur in den Grenzen der gesetzlichen Bestimmungen des Urheberrechtsgesetzes der Bundesrepublik Deutschland vom 9. September 1965 in der jeweils gültigen Fassung zulässig. Sie ist grundsätzlich vergütungspflichtig. Zuwiderhandlungen unterliegen den Strafbestimmungen des Urheberrechtsgesetzes.

© Springer-Verlag Berlin Heidelberg 1992

Die Wiedergabe von Gebrauchsnamen, Handelsnamen, Warenbezeichnungen usw. in diesem Werk berechtigt auch ohne besondere Kennzeichnung nicht zu der Annahme, daß solche Namen im Sinne der Warenzeichen- und Markenschutz-Gesetzgebung als frei zu betrachten wären und daher von jedermann benutzt werden dürften.

Produkthaftung: Für Angaben über Dosierungsanweisungen und Applikationsformen kann vom Verlag keine Gewähr übernommen werden. Derartige Angaben müssen vom jeweiligen Anwender im Einzelfall anhand anderer Literaturstellen auf ihre Richtigkeit überprüft werden.

Satz: K+V Fotosatz GmbH, Beerfelden
25/3140-5 4 3 2 1 0 – Gedruckt auf säurefreiem Papier

Einleitung

Die Chemie – und ich spreche besonders aus der Sicht des organischen Chemikers – gilt als eine Wissenschaft mit starkem Bezug zur Anwendung: Der Synthese neuer und der Analyse in der Natur vorkommender Stoffe, sowie der Entwicklung neuer Materialien mit neuartigen Eigenschaften. Spricht man von epochemachenden naturwissenschaftlichen Theorien, so wendet man sich daher bevorzugt der Physik und der Biologie zu. Ich nenne nur die NEWTONsche Gravitationstheorie, die EINSTEINsche Relativitätstheorie, die PLANCKsche Quantentheorie oder die Theorie vom Aufbau der Atomkerne aus dem Bereich der Physik und die DARWINsche Vererbungslehre, das biologische Selektionsprinzip und die daraus entwickelte Evolutionstheorie der Biologie. Selbst in den heute gängigen Theorien der Kosmogonie und der allgemeinen Evolution steht der physikalische und der biologische Teil des Evolutionsprozesses weit mehr im Zentrum der Diskussion, als das chemische Bindeglied, die Evolution biologisch wirksamer Moleküle.

Dies wirft die Frage nach einer Sonderstellung der Wissenschaft Chemie und chemischer Theorien auf! Man könnte sogar geneigt sein, der Chemie die Theoriefähigkeit abzusprechen und sie weniger als Leistung unserer Kultur, denn als Promotor der Zivilisation anzusehen. Dem ist sicher nicht so, aber es stellen sich Fragen wie folgende:

– Warum dringen chemische Theorien so wenig in das Allgemeinbewußtsein ein?
– Welche Funktion nimmt die Grundlagenwissenschaft Chemie im Spannungsfeld zwischen Physik und Biologie ein?
– Gibt es überhaupt chemische Theorien die sich unabhängig von einer physikalischen Theorie entwickeln?

Fragen dieser Art bilden den Hintergrund meines Versuchs am Beispiel der Radikaltheorie die Entwicklungsgeschichte einer chemischen Theorie und ihres Verhältnisses zur Physik und zur Biologie nachzuzeichnen.

Die bedeutendste aus der Chemie, mit typisch chemischer Denkweise entwickelte Theorie ist die der Moleküle [1]. Erst mit diesem, im 18. und 19. Jahrhundert entwickelten Modell ist es gelungen, die Vielfalt der Materie zu ordnen und klare Zusammenhänge zwischen der stofflichen Zusammensetzung und den Eigenschaften der Materie aufzubauen und diese auf der Ebene des Mikrokosmos, also der molekularen Ebene, anschaulich und im Detail theoriefähig zu machen. Das entscheidende Problem scheint mir weniger eine fehlende Theoriefähigkeit der Chemie zu sein, als vielmehr die Unfähigkeit der meisten Zeitgenossen mit deren verklausulierter, aus den Molekülen abgeleiteter Formelsprache umzugehen und aus dieser die stofflichen Eigenschaften abzulesen [2]. Ihre physikalische Basis, die Theorie der chemischen Bindung, erhielt die Molekültheorie erst viel später, im ersten Viertel unseres Jahrhunderts, wie wir noch sehen werden. Alle späteren Theorien der Chemie haben sich im Rahmen der Molekulartheorie entwickelt, sie konnten aus dem gleichen Grunde kaum oder nur selten in das Allgemeinbewußtsein vordringen. Dabei hat sich die Nachbarwissenschaft Biologie, in jüngster Zeit, im Rahmen der Molekularbiologie derselben Theorie auf der weit komplexeren Ebene biologischer Strukturen und lebender Systeme mit großem Erfolg bedient. Der genetische Code der Biologie wurde von Chemikern auf rein chemischer Basis gefunden [3] bei dem Versuch, die Struktur der Makromoleküle DNS und RNS aufzuklären. Er wurde von den Biologen zu einer umfassenden Theorie der *naturwissenschaftlichen* Gesetzmäßigkeiten des Lebendigen ausgebaut. Ähnliche Entwicklungen findet man in der Medizin.

Ich will Ihnen heute an einem Zweig der Molekültheorie, dem ich selbst seit vielen Jahren in der Forschung verbunden bin, der Radikaltheorie [4–20], in historischer Sicht zu zeigen versuchen, wie Entwicklungsprozesse chemischer Theorien stattgefunden und sich erkenntnistheoretisch niedergeschlagen haben. Wir werden auch an diesem Beispiel sehen, daß die Chemie zwischen Physik und Biologie auf einer Ebene mittlerer Komplexität stattfindet und somit eine Brückenfunktion zwischen diesen beiden naturwissenschaftlichen Nachbardisziplinen einnimmt.

Die Entwicklung der Radikaltheorie läßt sich in drei historische Perioden einteilen:

1. 1787–1900, die Periode der Begriffsklärung
2. 1900–1945, die Periode der Entdeckungen
3. 1945–heute, die Periode der theoretischen Durchdringung und erfolgreichen Anwendung.

Es sei dabei vorweggenommen, daß das Wort *„Radikal"* in der Chemie heute zwei Bedeutungen hat, die sich allerdings in einer gemeinsamen Entwicklung herausgebildet haben. Einmal versteht man darunter den Teil eines Moleküls, der bei einer chemischen Umwandlung unverändert bleibt; zum anderen bezeichnet man bestimmte Bruchstücke von Molekülen, die bei chemischen Reaktionen als Zwischenstufen auftreten als *„freie Radikale"*. Der Herausbildung, Differenzierung und Präzisierung dieser beiden Begriffe wollen wir im folgenden nachgehen.

1 1787–1900
Die Periode der Begriffsklärung

Kein geringerer als A. L. LAVOISIER prägte den Begriff „Radikal" 1787 im Rahmen seiner Theorie der Säuren, für Körper, die mit Sauerstoff zu Säuren werden. Diese seien „jedoch nicht allein isoliert, wohl aber mit Wärmestoff verbunden" [4, 21]. Während diese Säuretheorie allerdings nur kurz aktuell blieb, setzte sich die Idee der Radikale in den Köpfen der Chemiker so fest, daß sie über 100 Jahre und gerade während der wichtigen Periode der Entwicklung der organischen Strukturtheorie durch Männer wie BERZELIUS, LIEBIG, KEKULÉ und VON BAEYER die Grundlage vieler theoretischer Spekulationen bildete [4, 6, 22, 23]. Als Radikale bezeichnete man Gruppen von Elementen, die bei chemischen Reaktionen unverändert blieben. Sie sollten in der organischen Chemie die Funktion einnehmen, die in der anorganischen Chemie den – seinerzeit meist ebenfalls nicht isolierbaren – Elementen als Grundbausteine der Mineralstoffe mit so großem Erfolg zugeteilt wurde. Es wurde in dieser Periode begonnen, die experimentell analysierte stoffliche Zusammensetzung organischer Verbindungen auf der Basis von *Molekülen* und *Molekülformeln* zu interpretieren. So beschäftigten sich Gay LUSSAC (1815) intensiv mit dem Cyanradikal, LIEBIG und WÖHLER (1832) mit dem Benzoylradikal, das in Benzaldehyd, Benzoesäure, Benzoylchlorid, Benzamid und Benzoylcyanid vorkam und bei der gegenseitigen Umwandlung dieser Stoffe als Teilstruktur unverändert blieb [4]. LIEBIG und WÖHLER betrachteten das Benzoylradikal als einen zusammengesetzten Grundstoff, dem sie nach den heute gültigen Atomgewichten die Formel C_6H_5CO zuwiesen. BERZELIUS, der Altvater und Großmeister der Organischen Chemie, bezeichnete diese epochemachende Arbeit als „den Anfang eines neuen Tages in der vegetabilischen (d.h. organischen) Chemie" [24]. Wie in der anorganischen Chemie die Elemente, so sollten in der organischen Chemie die Radikale durch einfache Formelzeichen (Bz = Benzoyl) gekennzeichnet werden. Dies ist der Kerngedanke der BERZELIUSschen Radikaltheorie von 1833, die gleichzeitig das Ziel setzte, freie Radikale in ungebundenem Zustand zu isolieren, ebenso wie sich die anorganischen Chemiker um die Isolierung der freien Elemente bemühten [25]. Viele berühmte Chemiker der Zeit, so LIEBIG, DUMAS oder auch BUNSEN, waren begeisterte Anhänger dieser Theorie. „Ich zweifle nicht, daß das Radikal des Ethers, nämlich der Kohlenwasserstoff C_4H_5 (das Atomgewicht des Kohlenstoffs wurde seinerzeit noch als 6 angenommen) frei von jedem anderen Körper dargestellt werden wird", äußerte LIEBIG mutig [26]. In seinem Handbuch der Organischen Chemie von 1843 bezeichnete LIEBIG diese kurz als die „Chemie der zusammengesetzten Radikale". BUNSENs Arbeit über Kakodyl [27] $[(CH_3)_2As]_2$, bezeichnete BERZELIUS als einen Grundpfeiler für die Lehre von den zusammengesetzten Radikalen und in einem Brief an WÖHLER als einen „currus triumphalis" [28]. In der Folge wurden Versuche zur Isolierung dieser Radikale eine wichtige Arbeitsrichtung, an der sich Forscher wie WURTZ, FRANKLAND, der in diesem Zusammenhang in den Zinkorganylen die ersten metallorganischen Verbindungen entdeckte, KOLBE, der die Elektrolyse als wichtige Arbeitsmethode in die organische Chemie einführte, und viele andere beteiligten. Es stellte sich allerdings heraus, daß bei keinem dieser Versuche ein Radikal, sondern jeweils Verbindungen isoliert wurden, die durch Vereinigung von zwei valenzmäßig nicht abgesättigten Radikalen als Dimer entstanden sein konnten.

$$2\,CH_3COO^{\ominus} \xrightarrow{\text{Elektrolyse}} 2\,CO_2 + CH_3-CH_3$$

$$CH_3CH_2J \xrightarrow{Zn} \text{u. a. } CH_3-CH_2-CH_2-CH_3$$

Die Einführung der Dampfdichtemessung zur Bestimmung von Molekulargewichten sorgte hier für Klarheit.

So wird es nicht wundern, daß die Bedeutung der Radikale umstritten blieb und daß z. B. von GERHARDT und KEKULÉ, zwei der bedeutendsten Strukturchemiker ihrer Zeit, deutlich andere Vorstellungen darüber entwickelt wurden. So stellte KEKULÉ nüchtern fest: „Ein Radikal ist der von einer bestimmten Reaktion gerade unangegriffen bleibende Teil"; „je nachdem, ob eine Zersetzung tiefer oder weniger tief eingreift, können verschieden große Radikale angenommen werden" [29]. In diesem Zusammenhang spricht der Strukturchemiker KEKULÉ auch von Konstitutionsformeln, in denen man noch heute gewisse beständige Atomgruppierungen mit R (Radikal) abkürzt, im Gegensatz zu den Summenformeln, welche nur die elementare Zusammensetzung eines Stoffes beschreiben.

Im letzten Abschnitt des 19. Jahrhunderts traten in der organischen Chemie andere Fragen in den Vordergrund, insbesondere die Lehre von der Vierwertigkeit des Kohlenstoffs, die von KEKULÉ auf dieser Basis entwickelte Strukturtheorie, das Benzolproblem und der Beginn der organischen Synthese. Die Radikaltheorie wurde ein formaler Bestandteil der Strukturtheorie. Die vergeblichen Versuche zur Isolierung freier Radikale, das heißt der valenzmäßig nicht abgesättigten Moleküle mit dreibindigem Kohlenstoff, wurden nur noch vereinzelt fortgesetzt. Der Radikalbegriff hatte sich in der ersten Periode in der Strukturchemie etabliert, schließlich zwar mehr als Nomenklatur denn als Paradigma. Für die Reaktivität organischer Stoffe war er bedeutungslos geblieben. Wir werden später noch hören, daß aber gerade diejenigen Reaktionen in der heutigen Radikalchemie höchste Bedeutung besitzen von denen ich Ihnen berichtet hatte, daß sie zu den Versuchen der Isolierung von Radikalen erprobt worden waren. Dies gilt uneingeschränkt für die metallorganische Chemie.

Radikale

2 1900–1945
Die Periode der Entdeckungen

Der von BERZELIUS 1839 geprägte visionäre Satz: „der Zufall wird uns schon einmal Auswege in die Hände führen, manche zusammengesetzte Radikale zu reduzieren und zu isolieren" [30] erfüllte sich erst im Jahre 1900 als Moses GOMBERG an der University of Michigan in Ann Arbor erstmals der direkte Nachweis eines freien ungebundenen Radikals, des Triphenylmethyls, gelang.

Bei dem Versuch, Hexaphenylethan (2) zu synthetisieren und in seiner Reaktivität mit der des früher dargestellten Tetraphenylmethans (1) zu vergleichen, setzte GOMBERG, allerdings ohne Erfolg, Triphenylbrommethan oder Triphenylchlormethan (3) in Benzol mit metallischem Natrium um. Erst bei Verwendung von metallischem Silber und mehrstündigem Erhitzen schied sich eine neue, farblose, halogenfreie, kristalline Verbindung ab, die sich aber nach der Elementaranalyse als sauerstoffhaltig erwies. Es handelte sich um das Triphenylmethylperoxid (5), an dessen Entstehen der Sauerstoff der Luft beteiligt sein mußte. Um dies zu beweisen, wiederholte GOMBERG den Versuch in einer CO_2-Atmosphäre. Dabei erhielt er eine klare Lösung, die sich bei Erwärmen färbte, beim Abkühlen wieder farblos wurde und schnell mit Sauerstoff reagierte, wobei sich wiederum das Triphenylmethylperoxid (5) abschied. Diese ideenreichen Versuche und weitere Umsetzungen mit Iod und anderen Partnern, führten GOMBERG zielstrebig zu dem Schluß, daß bei seiner Reaktion primär farbige, ungesättigte Triphenylmethylradikale (4) entstehen, die einerseits temperaturabhängig mit ihrem farblosen Dimer im Gleichgewicht stehen, andererseits sich schnell mit Sauerstoff zum Peroxid vereinigen. GOMBERG hatte nicht nur das erste freie Radikal in Händen, sondern er hatte gleichzeitig drei typische Reaktionen freier Kohlenstoffradikale erkannt, ihre Bildung durch thermische Bindungsspaltung, ihre Dimerisation und ihre Reaktion mit Sauerstoff [13].

Mit GOMBERGs Entdeckung war ganz plötzlich die klare Definition eines *freien* Radikals gegeben – im Gegensatz zur bisherigen Bezeichnung der strukturell unveränderten Teile valenzmäßig gesättigter Moleküle als Radikale – ein Paradigma, das sich in der Gedankenwelt der Chemiker verankerte. Es war ein Tor aufgestoßen, das eine reiche Ernte zugänglich machte, die noch heute erst teilweise eingebracht ist. In der Folge wurden zahlreiche Arbeiten zum Nachweis weiterer mit aromatischen Gruppen substituierter, farbiger, organischer Radikale durchgeführt, die sogar zur Isolierung einzelner Vertreter in kristalliner Form führten [13, 14]. Erwähnt seien vor allem die Arbeiten von Heinrich WIELAND über Triphenylmethyverbindungen [32] – es wurde u. a. auch die Lichtabsorption des Radikals gemessen – und ihrer verwandten Stickstoffradikale [33], Diphenylstickstoff und Diphenylstickstoffoxid, dem ersten Beispiel eines beständigen Nitroxids [34]. Das Studium dieser Verbindungen blieb aber insgesamt doch ein wenig integriertes, vielleicht sogar als exotisch angesehenes Arbeitsgebiet, das den Hauptstrom der chemischen Forschung um die Jahrhundertwende wenig beeinflußte. Das Paradigma schlief noch. Die Denkweise der stark synthetisch orientierten Chemiker wurde kaum verändert und bei vielen blieb die Skepsis über die Isolierung freier Radikale bis in die zwanziger Jahre hinein erhalten. So wurde eine Arbeit von C. F. KÖLSCH über ein Pentaphenylallylradikal vom Journal of the American Chemical Society 1932 nicht zur Publikation akzeptiert, weil das Radikal nicht oder nur sehr langsam mit Sauerstoff reagierte. Erst 1957, nachdem der eindeutige Beweis der Radikalstruktur durch die für Radikale typische ESR-Spektroskopie (s. u.) geliefert war, wurde das Manuskript abgedruckt [35].

Ein entscheidendes, die theoretische Untermauerung hemmendes Problem war wohl, daß zu GOMBERGs Zeit keine physikalische Theorie der Chemischen Bindung existierte, die eine klare und eindeutige Definition des „valenzmäßig ungesättigten Zustandes" der freien Radikale erlaubte. Der Unterschied zwischen dreiwertigen Ionen und Radikalen des Kohlenstoffs, blieb lange Zeit verwischt.

WIELAND lieferte, über die bereits erwähnten Arbeiten hinaus, besonders bedeutsame Beiträge zur frühen Chemie freier Radikale. In einer Publikationsserie „Über das Auftreten freier Radikale bei chemischen Reaktionen" in Lösung, aus den Jahren 1915–1927 [36], postulierte er freie Radikale erstmals als kurzlebige Transienten, also Zwischenverbindungen chemischer Reaktionen, insbesondere bestimmter Thermolysereaktionen. So gelang ihm der spektroskopische Nachweis des Triphenylmethylradikals in der Zerfallslösung von Phenyl-azo-triphenylmethan. Auch für den Zerfall von Dibenzoylperoxid formulierte er erstmals den radikalischen Bindungsbruch der schwachen Peroxidbindung als Reaktionsweg. Diese Arbeiten WIELANDs hatten insofern eine Pionierfunktion, als sie das direkte Studium des Ablaufs chemischer Reaktionen mitbegründeten. Nicht durch Spekulation und Analogiedenken, sondern durch den direkten Nachweis kurzlebiger

Radikale

Zwischenstufen, suchte WIELAND eine Klärung des Reaktionsablaufs. Das heute fest etablierte große Gebiet der „Physikalischen Organischen Chemie" [37] bedient sich dieser Methodik mit großer Perfektion. Während die Radikaldiskussion vor 1900 vor allem Strukturfragen betraf, traten nach 1900 die Fragen der Reaktivität in das Zentrum. WIELAND war es auch, der 1915 eindeutig klarstellte, daß Radikale den Alkalimetallen und Halogenatomen in ihrer Reaktivität nahe stehen, und nicht den Ionen [38], womit er in historischer Sicht Gedankengut von BERZELIUS und LIEBIG in neuer Form aufgriff.

Eine wichtige Voraussetzung für die theoretische Durchdringung der Radikalchemie wurde die 1916 vorgestellte LEWIS-LANGMUIRsche Elektronentheorie der Valenz [39], die aus dem Modell des Planetensystems der Atomstruktur abgeleitet wurde, das auf RUTHERFORD, BOHR und später SOMMERFELD zurückgeht. Der Bindungsstrich der organischen Chemie wurde zum Elektronenpaar, das zwischen zwei Atomkernen in den Molekülen eine homöopolare oder kovalente Bindung bewirkt. Bei der Bindungsspaltung können entweder Anion und Kation oder zwei Radikale entstehen.

$$R\cdot\cdot X \begin{array}{c} \nearrow R^+ + {:}X^- \\ \searrow R^\bullet + {}^\bullet X \end{array}$$

Letztere besitzen demnach in der äußeren Elektronenhülle ein einzelnes ungepaartes Elektron. Dies erklärt, warum organische Radikale in ihrer Reaktivität den Alkalimetallen und Halogenatomen ähnlich sind. Auch zahlreiche Übergangsmetallionen besitzen ungepaarte Elektronen und damit Radikalcharakter. Dieses Einzelelektron ist für die hohe und typische Reaktivität der freien Radikale verantwortlich, denn es ist bestrebt im Zuge einer Reaktion wieder einen energetisch günstigeren Zustand mit insgesamt gepaarten Elektronen zu erreichen. Am einfachsten gelingt dies bei der Dimerisation, die daher äußerst rasch verläuft oder der Reaktion mit Sauerstoff, der nach unserer heutigen Kenntnis zwei nichtgepaarte Elektronen besitzt, also ein Diradikal ist. Auch die oben beschriebenen beständigen Radikale kombinieren sehr rasch mit anderen Radikalen wie Iod, Stickstoffoxid oder kurzlebigen radikalischen Transienten. Diese Abfangreaktionen eignen sich daher zum Radikal-Nachweis. G. N. LEWIS postulierte 1923 [40], daß Radikale aufgrund ihres ungepaarten Elektrons paramagnetisch sind, was bald darauf für ein Triarylmethylradikal experimentell bestätigt wurde. Magnetische Messungen mit der magnetischen Waage oder die Katalyse der ortho/para-Wasserstoffisomerisierung durch paramagnetische Stoffe dienten fortan zum Radikalnachweis und zu deren Konzentrationsbestimmung [41]. Diese Methoden, zusammen mit spektroskopischen Messungen der Lichtabsorption, leiteten die Periode der quantitativen Arbeiten auf dem Radikal-Gebiet ein. Der Einfluß der Physik auf die chemische Theoriebildung wird unverkennbar, er behält seine Bedeutung für die weitere Entwicklung der Radikaltheorie.

Während des ersten Drittels des 20. Jahrhunderts wurden freie Radikale nun in immer neuen Bereichen der Chemie als kurzlebige, für das Reaktionsgeschehen entscheidende und typische Zwischenstufen vorgeschlagen und nachgewiesen. Hierzu zählt vor allem die Chemie der pyrolytischen und photochemischen Gasphasenreaktionen, die von physikalischen Chemikern in dieser Periode intensiv reaktionskinetisch studiert wurden. 1913 schlug [42, 43] M. BODENSTEIN [44] und später W. NERNST [45] in diesem Zusammenhang einen Mechanismus für die durch Licht ausgelöste Chlorknallgas-Reaktion zwischen den anorganischen Gasen Wasserstoff und Chlor vor, der aus einer Kette einfacher Reaktionsschritte von Chlor- und Wasserstoffatomen bestand. Die Kette wurde durch photochemische Spaltung eines Chlormoleküls in die Atome eingeleitet. Die hier gegebene, unserem heutigen Verständnis

$$
\begin{array}{lrcl}
\text{Start} & Cl_2 & \rightarrow & 2\,Cl^{\bullet} \\
\text{Kette} & Cl^{\bullet} + H_2 & \rightarrow & HCl + H^{\bullet} \\
 & H^{\bullet} + Cl_2 & \rightarrow & HCl + Cl^{\bullet} \\
\text{Abbruch} & 2\,H^{\bullet} & \rightarrow & H_2 \\
 & 2\,Cl^{\bullet} & \rightarrow & Cl_2 \\
 & H^{\bullet} + Cl^{\bullet} & \rightarrow & HCl
\end{array}
$$

entsprechende Formulierung der Radikalkette, entspricht grundsätzlich den Vorstellungen von BODENSTEIN und NERNST. Die Existenzfähigkeit von atomarem Wasserstoff (LANGMUIR 1912) und Chloratomen wurde unabhängig belegt. Der für die beiden Kettenschritte vorgeschlagene Reaktionstyp der Substitution wurde unter anderem durch Arbeiten von N. SEMENOV in der UdSSR in vielen weiteren Beispielen belegt und gehört heute zu den bekannten Standardreaktionen freier Radikale. In der Folge wurden zahlreiche andere Gasphasenreaktionen ähnlich analysiert. So bearbeiteten BODENSTEIN und LIND 1906 die Kinetik der komplexen Reaktion zwischen Brom und Wasserstoff, deren Interpretation als Radikalkette 1920 von CHRISTIANSEN, HERZFELD und POLANYI gegeben wurde [22]. BACKSTRÖM klärte den Mechanismus der Autoxidation von Benzaldehyd unter Beteiligung von Sauerstoff als Radikalkette auf, im Gegensatz zu älteren Theorien [23].

$$
\begin{array}{l}
1.\ R-\overset{\|}{\underset{O}{C}}{}^{\bullet} + O_2 \rightarrow R-\overset{\|}{\underset{O}{C}}-O-O^{\bullet} \\[2ex]
2.\ R-\overset{\|}{\underset{O}{C}}-O-O^{\bullet} + R-\overset{\|}{\underset{O}{C}}-H \rightarrow R-\overset{\|}{\underset{O}{C}}-OOH + R-\overset{\|}{\underset{O}{C}}{}^{\bullet}
\end{array}
$$

F. O. RICE formulierte die speziellen Mechanismen der Pyrolyse von Kohlenwasserstoffen über kurzlebige Kohlenstoffradikale und faßte die Ergebnisse der Gasphasenchemie in seinem 1935 erschienenen Buch „The Aliphatic Free Radicals" [6] zusammen.

Welche neuen Erkenntnisse für die Radikalchemie hat die Gasphasenchemie geliefert? Als Wichtigstes wurde erkannt, daß es sich bei den meisten dieser Reaktionen, zu denen auch die Gasexplosionen und die Ausbreitung von Flammen [43] gehören, um Kettenreaktionen handelt, die nicht als Wärmeketten verlaufen, die sich durch die freiwerdende Energie hochschaukeln, sondern als Radikal- oder Atom-Kettenreaktionen. Auch die wichtigsten kinetischen Gesetzmäßigkeiten dieser Radikalketten wurden erkannt [46], insbesondere ihre mindestens dreistufige Natur: *Kettenstart* – *Kettenfortpflanzung* und *Kettenabbruch*. Da die Rekombination (und die Disproportionierung) von zwei Radikalen ohne Aktivierungsbarriere mit Geschwindigkeitskonstanten von $\approx 10^9$ l/mol·sek. äußerst schnell nur durch die Diffusionsgeschwindigkeit begrenzt verlaufen, ist ihre Lebensdauer auch in der Gasphase außerordentlich kurz, ihre Konzentration sehr niedrig ($10^{-8}-10^{-9}$ molar). Da man aus der Quantenausbeute weiß, daß pro Start-Reaktion, d.h. pro Lichtquant, Ketten etwa 10^5 mal durchlaufen werden, ehe sie abbrechen, müssen die einzelnen Kettenschritte ebenfalls außerordentlich schnelle Reaktionen sein. Sie dürfen keine große Aktivierungsenergie besitzen und müssen im allgemeinen exotherm verlaufen. Die kinetische Methode und ihre Kombination mit Thermodynamik und Thermochemie (Bindungsenergien) erwies sich in diesen frühen Arbeiten erstmals als äußerst schlagkräftiger chemischer Ansatz zur Aufklärung der Reaktionsmechanismen. Die Kooperation der physikalischen Chemiker, welche die Kinetik beherrschen, mit den organischen Chemikern, die Stoffkenntnis und chemische Erfahrung einbrachten, ermöglichte diese frühen großen Erfolge, die zu den Grundbausteinen der physikalischen organischen Chemie zählen. Die präparative organische Chemie nahm jedoch von dieser Entwicklung auch weiterhin kaum Notiz.

Ein entscheidendes chemisches Experiment zum Nachweis und zur Bestimmung der Lebensdauer der *kurzlebigen* Methylradikale in der Gasphase, führten 1929 PANETH und HOFEDITZ [47] aus. In der abgebildeten Apparatur durchströmte ein mit Bleitetramethyl gesättigter Stickstoffstrom ein Quarzrohr bei 10^{-2} Torr. In einer kurzen, heißen Zone (a) zerfällt das Bleitetramethyl unter Bildung freier Methylradikale und Abscheidung eines Bleispiegels. Die Methylradi-

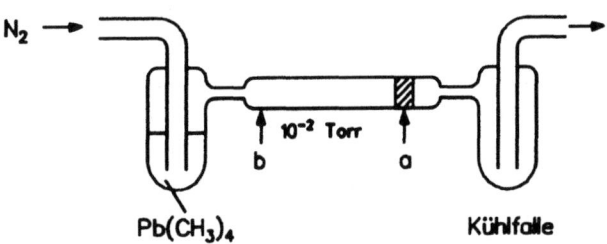

Das PANETH-Experiment zum Nachweis kurzlebiger Radikale

kale dimerisieren zu Ethan. Verschiebt man anschließend die heiße Zone, so können die dort gebildeten Methylradikale den alten Bleispiegel wieder angreifen und durch Bildung von Bleitetramethyl auflösen. Durch Vergrößern des Abstandes zwischen der Zone der Radikalbildung (b) und dem Bleispiegel (a), bis dieser nicht mehr angegriffen wird, und Kenntnis der Strömungsgeschwindigkeit ließ sich die Lebensdauer der Methylradikale unter diesen Bedingungen abschätzen. Diese eindrucksvolle, neue Methode zum Radikalnachweis durch Auflösen von Metallspiegeln fand in der Folge breite Anwendung. Ihre Beweiskraft überzeugte auch viele Skeptiker von der Existenz kurzlebiger Radikale und der Theorie *freier* Radikale insgesamt.

In der gleichen Periode wurden Radikale auch im Zusammenhang mit photochemischen und elektrochemischen Experimenten diskutiert. Die Radikaltheorie und das Auftreten kurzlebiger Radikale trug auch entscheidend zum Verständnis der in den 20er Jahren vor allem von H. STAUDINGER bearbeiteten neuartigen Polymerisationsreaktionen bei [48]. Solange der Reaktionsablauf der Polymerbildung und auch die Polymerstruktur – kovalente Makromoleküle oder kolloidale Aggregate – unbekannt waren, wurde in der Literatur zwischen Dimerisation und Polymerisation der beteiligten Moleküle kaum differenziert. Hermann STAUDINGER, der als erster gegen große Widerstände die Existenz kovalenter Bindungen in Makromolekülen vorgeschlagen hatte, postulierte auch als erster den im Grundsatz noch heute akzeptierten Radikalkettenmechanismus der Polymerisation z. B. von Styrol. Dabei setzt sich die Kette aus einer Folge von Additionen der radikalischen Endgruppe des polymerisierenden Moleküls an die Doppelbindung des Styrols zusammen, bis der Kettenabbruch durch Dimerisation erfolgt. Dabei formulierte STAUDINGER allerdings die Additionsrichtung falsch.

$$\sim\!\!CH-CH_2- + CH=CH_2 \rightarrow \sim\!\!CH-CH_2-C-CH_2-$$
$$\;\;\;\;|\;\;\;\;\;\;\;\;\;\;\;\;\;\;\;\;|\;|\;\;\;\;\;\;\;\;\;\;\;\;\;|$$
$$C_6H_5\;\;\;\;\;\;\;\;\;C_6H_5\;\;\;\;\;\;\;\;\;C_6H_5\;\;\;\;\;C_6H_5$$

STAUDINGER erkannte erst im Laufe der Zeit, daß es sich bei dem valenzmäßigen Ausnahmezustand der wachsenden Polymerketten um „ungesättigte Radikale" handelt. Insbesondere die Molekulargewichtverteilung – es finden sich nur monomere und hochpolymere Moleküle in nennenswerten Mengen im Gemisch – führte STAUDINGER zum Postulat der Polymerisation, im Gegensatz zur bekannten Polykondensation. Außerdem wurde mit dem Kettenmechanismus verständlich, daß zugesetzte Initiatoren oder Belichtung die Reaktion beschleunigen, und Inhibitoren sie bremsen, wie es von den Kettenreaktionen in der Gasphase her bekannt war. Aus der Kinetik konnte geschlossen werden, daß die Kettenfortpflanzung im Vergleich zu Start und Abbruchreaktionen schnell verläuft. Dies liegt natürlich an der im Vergleich zu Gasphasenreaktionen hohen Konzentration des Reaktionspartners Styrol. Der Vorschlag des radikalischen Polymerisationsmechanismus als Kettenreaktion war ein entscheidender Durchbruch in der makromolekularen Chemie. Denn durch die nun mögliche Steuerung der Radikalketten, können auch die Eigenschaften der makromolekularen Endprodukte beeinflußt werden.

Ein wichtiges Forschungsgebiet der organischen Chemie und darüber hinaus der Biochemie, in dessen Zusammenhang radikalische Zwischenstufen diskutiert wurden, ist das der Oxidationsreaktionen. Auf die Autoxidation von Aldehyden wurde im Rahmen der Besprechung der Kettenreaktionen bereits verwiesen. Viele andere Verbindungen gehen in ganz ähnliche, über Peroxide verlaufende Kettenreaktionen ein, wie von CRIGÉE [49] und anderen später gezeigt wurde. Dies hat sogar später in der Technik, im sogenannten Cumolprozeß zur Produktion von Phenol und Aceton einen Niederschlag gefunden. Eine Verallgemeinerung aller Oxidationen als Einelektronenübertragungsprozesse und damit Radikalprozesse, wie es zeitweise versucht wurde, ist allerdings nicht angebracht. HABER und WILLSTÄTTER diskutierten dieses große Gebiet 1931 [50] ausführlich unter Einschluß biochemischer, enzymatischer Reaktionen der Zelle. Auch der Streit zwischen Heinrich WIELAND, der die berühmt gewordene Dehydrierungstheorie (1912) gegen Otto WARBURGS Ansichten, in denen das von ihm entdeckte Atmungsferment eine zentrale Rolle bei biologischen Oxidationen spielte, fällt in die Zeit der frühen Radikalchemie. S. HABER und R. WILLSTÄTTER geben in ihrer Arbeit „Unpaarigkeit und Radikalketten in Reaktionsmechanismen organischer und enzymatischer Vorgänge" ein Bild der Vorstellungen der damaligen Zeit, das sie aber, wie sie es selbst sagen, „im einzelnen nicht beweisen können" [50]. Die heutige Kenntnis der Komplexität von Oxidationsprozessen, insbesondere in der Zelle, macht dies verständlich.

Es ist merkwürdig, daß die Radikaltheorie trotz ihrer erfolgreichen Übertragung auf verschiedene Forschungsgebiete im eigentlichen Kernbereich, der organischen Chemie, weitgehend auf die Bearbeitung der „stabilen" d.h. beständigen Radikale und Radikalsalze beschränkt blieb [13, 14] und mit Ausnahme einiger Oxidationsreaktionen – wie der des Hydrochinons – relativ wenig Wirkung zeigte. Dabei blieb die Ursache der Beständigkeit – ist sie thermodynamisch oder kinetisch begründet – ungeklärt [50a].

Der erste durchschlagende Erfolg der Radikaltheorie in der synthetischen Chemie wurde von M. KHARASCH im Jahre 1937 beigetragen [51], der die bekannte immer wieder beobachtete, der Regel widersprechende inverse Additionsrichtung von Bromwasserstoff an endständige Alkene auf die Anwesenheit von Sauerstoff und Peroxiden zurückführte und durch eine zweistufige Radikalkettenreaktion in *Lösung* erklärte:

1. $Br^\bullet + R-CH=CH_2 \rightarrow R-\overset{\bullet}{C}H-CH_2Br$

2. $R-\overset{\bullet}{C}H-CH_2Br + HBr \rightarrow R-CH_2CH_2-Br + Br^\bullet$

KHARASCH erkannte die grundsätzliche Bedeutung dieses Befundes und er erfand und entdeckte in der Folge eine Reihe neuer Reaktionen, z.B. zur radikalischen Chlorierung durch Substitution oder zur radikalischen Addition von Polyhalogenalkanen an Alkene, die den gleichen radikalischen Gesetzmäßigkeiten folgten. Damit hat KHARASCH im Endeffekt das große Gebiet der radikalischen Kettenreaktionen in die organische Synthese eingeführt [51]. Das Jahr 1937 wird daher gelegentlich als zweite Geburtsstunde der Radikalchemie bezeichnet [8]. Neben den grundlegenden Arbeiten von KHARASCH, erschien ein Artikel der englischen Schule von D. H. HEY und W. A. WATERS [52], in dem zusammenfassend eine große Anzahl von Thermolysereaktionen beschrieben wird, die über radikalische Zwischenstufen gedeutet werden – einige davon auf H. WIELAND zurückgehend –, und über den Stand der Radikalchemie zusammenfassend berichtet wird. Im gleichen Jahr veröffentlichte P. J. FLORY eine Arbeit über den „Mechanismus der Vinylpolymerisation" [53]. Er zeigte, daß der radikalische Polymerisationsmechanismus von STAUDINGER durch ausführliche kinetische Studien bestätigt wird. Damit lag ein wichtiges Gebiet der Polymerchemie zur weiteren Bearbeitung offen. Schließlich sei noch die zusammenfassende Arbeit von H. SACHSE „Über die Rolle der freien Radikale bei Gasreaktionen" von 1937 erwähnt [43] und auf den theoretischen Beitrag von E. HÜCKEL verwiesen, in dem auf dem Boden der Elektronentheorie und Quantentheorie die Ursachen der Stabilisierung freier Radikale und ihrer magnetischen Eigenschaften diskutiert werden [54].

Die 2. Periode ist durch die Entdeckung der *freien* Radikale und damit durch Fragen der chemischen Reaktivität geprägt, im Gegensatz zur Strukturdiskussion der 1. Periode. Es wurde die Bedeutung der Radikale in vielen Bereichen der Chemie erkannt und durch konsequente Einführung der Reaktionskinetik in das Studium der Reaktivität das wichtige, in der Radikalchemie dominierende Prinzip der Kettenreaktionen etabliert. Die Radikalchemie hatte nach Theorie, Erfahrung und Methodik 1937 einen Stand erreicht, der eine schnelle weitere Entwicklung, isbesondere im Rahmen der internationalen akademischen Forschung erwarten ließ. Durch die Invasion Hitlers in Polen und die Eröffnung des zweiten Weltkrieges 1939 wurde diese Entwicklung abrupt unterbrochen. Die junge Studentengeneration wurde aus den Universitäten in den Krieg berufen und diesem in großer Zahl geopfert, die Forschung wurde in großen Bereichen den Bedürfnissen der Kriegsführung untergeordnet [22]. Als Japan die Quellen für Naturgummi in Südostasien abschnitt, begann in den USA eine fieberhafte Aktivität zur technischen Produktion von synthetischem Kautschuk durch Polymerisation. Hierfür dienten große staatliche Forschungsprogramme, in deren Rahmen vor allem die Polymerchemie und die Petrochemie gefördert wurden, letztere weil man erkannt hatte, daß Erdöl und dessen, teilweise über Radikale verlaufende Pyrolyse, eine wesentlich bessere Rohstoffbasis war als Kohle. Die in Deutschland vor dem 2. Weltkrieg entwickelte Polymerchemie, wurde am „Brooklyn Poly" von dem aus seiner deutschen Heimat vertriebenen Herman MARK in regelmäßigen Seminaren mit großem Erfolg amerikanischen Wissenschaftlern vermittelt. Auch in Deutschland konzentrierte sich die Forschung auf die Polymerchemie und das Studium der Kinetik und des Mechanismus der radikalischen Vinylpolymerisation [55].

Peroxidinitiatoren, Inhibitoren und Stabilisatoren, die Kettenübertragung, die Copolymerisation und die grundsätzlich für die Reaktivität verantwortlichen Faktoren (sterische Effekte, polare Effekte, Energetik) der radikalischen Polymerisation und der radikalischen Kettenreaktionen insgesamt wurden in diesen Jahren unabhängig in England, USA und Deutschland intensiv bearbeitet [23]. Es wurden die Verfahren der Blockpolymerisation, der Polymerisation in Lösung und später der Emulsionspolymerisation entwickelt. Durch diese Forschungsarbeiten war man schließlich in der Lage, Polymerisationsverfahren so zu steuern, daß synthetische Werkstoffe mit bestimmten Eigenschaften produziert werden konnten. Es stellte sich allerdings heraus, daß der Hauptteil an synthetischem Gummi in den Vereinigten Staaten schließlich nach einem modifizierten deutschen Vorkriegsverfahren durch radikalische Emulsions-Copolymerisation von Butadien-Styrol (GR-S) produziert wurde. In Deutschland wurden wenige, aber wichtige Arbeiten über den Zerfall von Dibenzoylperoxid (H. WIELAND, 1942), den Radikalnachweis bei der Kolbe-Elektrolyse von Fettsäuresalzen (K. CLUSIUS, 1943), Biradikale und deren magnetische Eigenschaften, die Kinetik photochemischer Halogenierungen von Kohlenwasserstoffen und die Photochemie insgesamt durchgeführt [55, 56].

3 1945 bis heute
Die Periode der theoretischen Durchdringung und erfolgreichen Anwendung

Nach 1945 rückte weltweit die „Physikalische Organische" Chemie für etwa 25 Jahre in das Zentrum des Interesses [37]. Es wurden neue Methoden zum Studium der Reaktionsmechanismen und zum Nachweis reaktiver Zwischenstufen der Reaktionen und zur Bestimmung ihrer Struktur entwickelt. Die Radikalchemie hatte diese Forschungsrichtung in der Vergangenheit eingeleitet und brachte die besten Voraussetzungen mit, um an ihr weiter teilzunehmen. Aus Arbeiten der 30er Jahre hatte man erkannt, daß Radikalreaktionen auf die Kombination weniger typischer Einzelschritte reduziert werden können, die zusammen jeweils eine Kettenreaktion bilden:

1. Die *Bildung* freier Radikale durch Thermolyse, Photolyse od. Elektronenübertragung dient dem Kettenstart (Initiation).

2. *Radikalübertragungen* (Propagation) sind die Kettenschritte, in denen ein Radikalzentrum gelöscht, aber auch ein neues gebildet wird. Hierzu gehören

   – die Substitution, z. B.

$$X\cdot + RH \rightarrow HX + R\cdot$$

– die Addition und ihre Umkehr, der β-Zerfall, z. B.

$$X^\bullet + H_2C = CHR \rightleftarrows X-CH_2-\overset{\bullet}{C}HR$$

– die Elektronenübertragung, z. B.

$$R-X+A^{\overline{\bullet}} \rightarrow R-X^{\overline{\bullet}} + A$$

3. *Radikal-Radikalreaktionen* die unter Löschung von zwei Radikalzentren den Kettenabbruch (Termination) bewirken. Dies sind:

– die Dimerisation, z. B.

$$2\,CH_3CH_2^\bullet \rightarrow CH_3CH_2CH_2CH_3$$

– die Disproportionierung, z. B.

$$2\,CH_3CH_2^\bullet \rightarrow CH_3CH_3 + CH_2 = CH_2$$

– die Elektronen- oder Ligandenübertragung, z. B.

$$R^\bullet + CuCl_2 \rightarrow RCl + CuCl$$

Die meist nur durch die Geschwindigkeit der Diffusion limitierte hohe Geschwindigkeit des Kettenabbruchs diktiert die Zeitskala der Radikalchemie, also der Kettenlänge und der notwendigen Geschwindigkeit der Kettenschritte [46]. Nur sehr schnelle, daß heißt im allgemein exotherm verlaufende Elementarschritte, eignen sich als Kettenschritte.

Nach 1946 begann man intensiv die Zusammenhänge zwischen der Struktur der Radikale und ihrer Reaktivität mit verschiedenen Reaktionspartnern quantitativ zu erforschen [9, 10]. In diesem Bericht können hierfür, ohne auf Details einzugehen, nur Entwicklungslinien aufgezeigt werden. Große Bedeutung gewann die Reaktionskinetik, insbesondere seit in der Gaschromatographie ein präzises Verfahren zur quantitativen Produktanalyse und Reaktionskontrolle bereit stand. Da es keine Methoden gab, um die hohen Reaktionsgeschwindigkeiten der Einzelschritte der Reaktionsketten zu messen, dienten zur Ermittlung der Reaktionsgeschwindigkeiten meist Konkurrenzversuche, in denen einem Radikal jeweils zwei Partner in definierten Konzentrationen angeboten wurden; aus dem Verhältnis, in dem die beiden Produkte entstehen, errechnen sich die relativen Geschwindigkeitskonstanten der beiden Reaktionen. Dies ist ein bequemes Verfahren, um die Reaktivitätsreihen sehr schneller Kettenschritte zu ermitteln. Durch die direkte Messung der Geschwindigkeit einiger weniger radikalischer Elementarschritte zur Eichung, mit Hilfe der „Methode des rotierenden Sektors" [57], ließen sich die relativen Geschwindigkeitskonstanten in absolute umrechnen. In den 80er Jahren wurde hierfür, hauptsächlich von K. U. INGOLD, die Methode der „Free Radical Clocks" [58] entwickelt. Als kettentragende Alkylradikale werden solche verwendet, die auch eine intramolekulare Konkurrenzreaktion eingehen können, deren Geschwindigkeitskonstante k_1 unabhängig gemessen worden war:

Aus dem Verhältnis der Produkte A und B, der Konstante k_1 und der Konzentration von X_2, läßt sich k_2 berechnen. Die Methoden der Reaktionskinetik haben sich in der Radikalchemie vor allem in den Händen von P. D. BARTLETT und Ch. WALLING [9, 10] als außerordentlich schlagkräftig erwiesen, denn für die präparative Durchführung oder die Entwicklung radikalischer Kettenreaktionen ist es unerläßlich, Geschwindigkeitskonstanten abzuschätzen, wenn eine Kette effizient ablaufen soll. Daher wundert es auch nicht, daß in den vergangenen 20 Jahren eine große Zahl der sehr hohen Geschwindigkeitskonstanten radikalischer Einzelschritte mit spektroskopischen Methoden (s. u.) direkt gemessen wurde [59]. All diese Daten führten zu einer Quantifizierung der für die Reaktivität verantwortlichen Faktoren [60]. Es sind die gleichen, die bereits bei der Polymerisation qualitativ erkannt worden waren (s. o.). Sterische Effekte, abhängig von der Größe der Radikale und des Substrats [61], thermochemische Effekte, abhängig von den Bindungsenergien der in einem Reaktionsschritt gespaltenen bzw. neugebildeten Bindungen [60] und polare Effekte [60, 62], die lange Zeit nur empirisch verstanden wurden. Erst durch die Grenzorbitaltheorie [63] wurden sie einer physikalischen Interpretation zugänglich. Auf dieser breiten Basis quantitativer Zusammenhänge können heute die Reaktivitätsverhältnisse in vielen Fällen verläßlich vorausgesagt werden.

Wichtige neue Impulse erhielt die Radikalchemie durch neue Arbeits- und Meßmethoden. So wären die oben beschriebenen, kinetischen Konkurrenzversuche ohne neue Trennverfahren, insbesondere die Gaschromatographie zur quantitativen Analyse von Produkten in kleinen Konzentrationen, nicht möglich gewesen. Große Bedeutung gewannen für den Ausbau der Radikaltheorie auch die in den vergangenen 40 Jahren neu aufkommenden von der Physik geprägten spektroskopischen Methoden. Hier ist vor allem die Elektronenspinresonanz Spektroskopie (ESR) [64] zu nennen. Sie beruht darauf, daß paramagnetische Moleküle, wenn sie sich in einem starken Magnetfeld befinden, in einer für ihre Struktur charakteristischen Weise elektromagnetische Strahlung absorbieren. Das magnetische Moment kann sich nämlich nur in bestimmten Orientierungen unterschiedli-

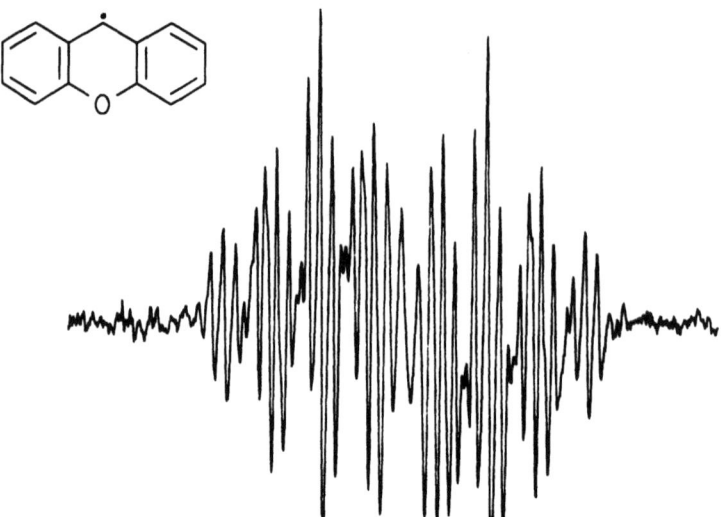

ESR-Spektrum des Xanthylradikals

cher Energie zum äußeren Feld einstellen. Übergänge zwischen diesen Orientierungen kommen durch Aufnahme diskreter Lichtquanten/Energiebeträge zustande. Es erwies sich jetzt als ein großer Vorteil, daß seit GOMBERGs Zeiten viele beständige Radikale entdeckt worden waren [12, 13], deren komplexe ESR-Spektren nun die Zusammenhänge zwischen der Lage, der Aufspaltung und Dynamik der Spektren und den Radikalstrukturen schnell erkennen ließen. Das heute verfügbare vielseitige ESR-spektroskopische Methodenarsenal kann in diesem Zusammenhang nicht referiert werden [65].

Die zweite Voraussetzung für das Verständnis der Radikalchemie war ebenfalls erfüllt: Die empirischen oder ab initio Methoden der Quantenchemie waren inzwischen so weit entwickelt, daß sie die theoretische Interpretation der komplexen spektroskopischen Beobachtungen durch quantitative Beziehungen zur Geometrie und zur Elektronenverteilung der Radikale ermöglichten. Der nächste Schritt war die Entwicklung von ESR-Methoden zur Aufnahme der Spektren kurzlebiger Radikale durch besondere Techniken, ihre quantitative Interpretation und ihre zeitliche Verfolgung zur Messung von Reaktionsgeschwindigkeiten (s. o.). Als wichtigste Technik erwies sich die von R. G. W. NORRISH und G. PORTER eingeführte Blitzphotolyse [66]. Dabei wird durch einen kurzen, intensiven Lichtblitz – heute oft ein Laserblitz – aus einem Substrat in Lösung ein bestimmtes Radikal in hoher Stationärkonzentration und in vorgegebener Umgebung von Reaktionspartnern erzeugt. In sehr kurzem zeitlichen Abstand zum Primärblitz wird das ESR-, IR- oder UV-Spektrum des erzeugten Radikals einmal oder mehrfach hintereinander senkrecht zur Einstrahlungsrichtung des Primärblitzes gemessen. Mit dieser Methode lassen sich heute Geschwindigkeiten radikalischer Reaktionen im Picosekundenbereich (10^{-12} sek.) messen [65].

Mit Hilfe der so gemessenen Spektren, in Kombination mit quantenchemischen Rechnungen, konnten viele Fragen der Struktur kurzlebiger Radikale – ebene oder pyramidale Geometrie, Elektronendelokalisierung – aufgeklärt werden.

Tiefen Einblick in das Phänomen der Bildung von Radikalen durch thermische oder photochemische Bindungsdissoziation oder das von Radikaldimerisation und - disproportionierung (s. o.) gewährt die chemisch induzierte dynamische Kernpolarisation, die Ende der 60er Jahre von mehreren Gruppen entdeckt wurde [67]. Führt man bestimmte Reaktionen im Magnetfeld eines Kernresonanzspektrometers durch, so stellt man fest, daß bestimmte Signale als Emission (und nicht wie üblich als Absorption) registriert werden. Diese Signale können sich zusätzlich durch eine große Verstärkung und komplexe Aufspaltung auszeichnen. Durch Kopplung zwischen Elektronenspin und Kernspin erfolgt eine chemische Selektion. Es entstehen Produkte, deren Kernspins nicht im Gleichgewicht sind, wodurch der „CIDNP Effekt" zustande kommt. Es war sehr befriedigend, daß empirisch bekannte Phänomene wie der „Käfigeffekt", den man für die nicht 100prozentige Effizienz von Initiatoren bei der Polymerisation aus rein chemischer Deduktion abgeleitet hatte, nun eine quantitative, physikalische Interpretation gefunden hatten und im Detail erforscht werden konnten.

Es ist erstaunlich, daß die Radikalchemie trotz dieser Erfolge in der organischen Chemie insgesamt weiterhin eine Sonderstellung einnahm. Der präparativ interessierte Organiker war nach wie vor skeptisch und erwartete bei Radikalreaktionen komplexe Produktgemische, wie man sie z. B. von der Chlorierung verzweigter Alkane her kannte [68]. Es ist das Verdienst einer Reihe in der Radikaltheorie erfahrener Chemiker, diese Kluft durch ihre Hinwendung zur präparativen Chemie überwunden zu haben. Ein erstes Signal setzte D. H. R. BARTON, der zeigte, daß es gelingt, von den vielen verfügbaren H-Atomen eines Steroidskeletts selektiv ein bestimmtes zu substituieren, wenn man eine intramolekulare Variante der Substitution durchführt [69]. Aus geometrischen Gründen kann ein am Steroid selbst fixiertes Radikal nur ganz wenige Stellen des gleichen Gerüstes angreifen. Dieses Konzept wurde in vielfacher Weise – besonders ideenreich von R. BRESLOW [70] – erweitert und ausgebaut.

Spezifische Chlorierung eines H-Atoms durch Chlor in Cholesterin durch intramolekulare Reaktionsführung

In ähnlicher Weise wurden in neuerer Zeit einige, im allgemeinen sehr selektiv verlaufende Reaktionen zur radikalischen Cyclisierung erkannt, die heute bereits zu den präparativen Standardverfahren der Synthese fünfgliedriger Ringe zählen [71–75].

Diese Verfahren wurden von den synthetischen Chemikern mit soviel Begeisterung aufgenommen, weil in der schwierig zu isolierenden biologisch wichtigen Verbindungsklasse der Prostaglandine Fünfringe auftreten, deren Synthese ein wichtiges Ziel war.

Das gefürchtete Problem, daß die schnell und mit geringer Aktivierungsenthalpie verlaufenden radikalischen Kettenschritte notgedrungen unselektiv verlaufen müssen und damit für die präparative Chemie kaum interessant sein können, erwies sich als falsch. Es zeigte sich, daß die Reaktivität dieser Reaktionen nicht durch die Thermochemie, also ihren exothermen oder endothermen Charakter gesteuert wird, sondern, wie oben bereits angedeutet, durch die Wechselwirkung des einfach besetzten Molekülorbitals des Radikals (SOMO) mit einem der beiden Grenzorbitale der molekularen Reaktionspartner [63]. Dominiert die Wechselwirkung mit dem niedrigsten unbesetzten Orbital (LUMO), so spricht man von „nucleophilen Radikalen", dominiert die mit dem höchsten besetzten Orbital (HOMO), so spricht man von „elektrophilen Radikalen". So reagieren Aminium-Radikalkationen sehr selektiv mit elektronenreichen, z.B. alkyl- oder methoxy-substituierten Aromaten [76] oder mit der ω-1-Position von elektronegativ substituierten Alkanketten [77]. MINISCI und seine Schüler entdeckten auf der gleichen Basis ein völlig neues Prinzip zur Einführung von Alkyl- oder Acyl-Seitenketten in elektronenarme Heteroaromaten [76, 78]. Die Radikale entfalten hier nucleophilen Charakter, weil die Heteroaromaten unter den Bedingungen der Synthese in protoniertem Zustand, als Kationen vorliegen. Ganz entsprechend wurden, initiiert durch Arbeiten von GIESE [73–75], in jüngerer Zeit neue Methoden zum Aufbau von Kohlenstoffgerüsten durch C-C-Verknüpfung entwickelt, indem nucleophile Alkylradikale an elektronenarme Alkene addiert werden. Auch Substitutionen über Radikalanionen, die vor allem von N. KORNBLUM, G. A. RUSSEL und J. F. BUNNETT ausgearbeitet wurden [79–81], bieten den Synthetikern neue Verfahren zur C-C-Verknüpfung in der aromatischen und der aliphatischen Chemie.

Bei den meisten dieser Methoden handelt es sich um Kettenreaktionen, die sich aber heute gut steuern lassen.

Radikale

Als Vorteile der präparativen Radikalchemie hat man dabei erkannt, daß z. B. Hydroxy- oder Aminogruppen meist nicht angegriffen werden, so daß man sie nicht schützen muß, wie bei den üblichen Ionenreaktionen. Außerdem sind Radikale meist strukturstabil und nicht von den in der Ionenchemie häufigen Umlagerungen bedroht. Radikalreaktionen lassen sich daher auch erfolgreich in der Kohlenhydratchemie einsetzen. Dabei zeigen die Reaktionen der nucleophilen Alkylradikale, neben der bereits erwähnten hohen Chemoselektivität, auch erstaunlich hohe Regio- und Stereoselektivität [82]. Die Palette der synthetischen Radikalreaktionen wurde von D. H. R. BARTON besonders ideenreich durch neue Reaktionen für den Austausch oder zur Entfernung von Substituenten bereichert [83]. Bei der Erfindung dieser Reaktionen ging BARTON wie ein Konstrukteur von den Gesetzmäßigkeiten der Kettenreaktionen [82] und den bekannten Reaktivitätsreihen der Radikalchemie aus. Auch in der Chemie der phosphor-, bor-, silicium-, schwefel- und zinnorganischen Verbindungen und der Übergangsmetallkomplexe kennt man viele nützliche, über Radikale verlaufende Reaktionen [17]. Die von der Übertragung einzelner Elektronen geprägte elektroorganische Synthese ist heute ebenfalls breit entwickelt [84].

Parallel zu dieser Entwicklung hat die Radikaltheorie in vielen Bereichen Bedeutung gewonnen, auf die hier nur kurz eingegangen werden kann. Die wichtige analytische Methode der Massenspektrometrie wird in ihren Fragmentierungsmustern von der Chemie der Radikalkationen beherrscht. In der Atmosphären- und Stratosphärenchemie [85], die heute im Zusammenhang mit Umweltfragen hoch aktuell ist, spielen Radikalreaktionen in vielfacher Weise eine wichtige Rolle. So handelt es sich bei den für den Ozonabbau über den Polen verantwortlich gemachten Prozessen um Radikalkettenreaktionen:

Ozonbildung: $O_2 + h\nu \rightarrow 2O$

$O + O_2 + [M] \rightarrow O_3 + [M]$

Ozonabbau: $X^\bullet + O_3 \rightarrow XO^\bullet + O_2$

$XO^\bullet + O \rightarrow X^\bullet + O_2$

$\overline{O + O_3 \rightarrow 2O_2}$

Auch an der Smogbildung in der von Abgasen belasteten Großstadtatmosphäre sind Radikale beteiligt, z. B. an der Ozonbildung durch Photooxidation von Benzindämpfen via Peroxydradikale:

$ROO^\bullet + NO \rightarrow RO^\bullet + NO_2$

$NO_2 + h\nu \rightarrow NO + O$

$O + O_2 + [M] \rightarrow O_3 + [M]$

In der Strahlenchemie, an vielen photochemischen Prozessen, Oxidations- und Alterungsvorgängen von Materialien sind Radikale beteiligt. Sie sind zentrale Zwischenstufen der Kohlepyrolyse [86] und des thermischen Crackens von Petroleum [87] zur Benzingewinnung. Reaktionen, an denen die Übertragung einzelner Elektronen von einem Molekül [18] auf ein anderes oder einen Festkörper stattfindet, sind eine besondere Klasse von Radikalreaktionen. Hierzu gehören die den Strom leitenden neuen organischen Materialien, die Elektrochemie [18, 84] aber auch die Prozesse zur Konversion der Sonnenenergie in chemische Energie, z. B. durch photokatalytische Wasserspaltung [88] u. a. Auch an der von FRANKLAND, WURZ, FITTIG und GRIGNARD entwickelten Synthese metallorganischer Verbindungen und an manchen ihrer Umsetzungen, sind Elektronenübertragungen und radikalische Zwischenstufen beteiligt. Die Versuche zur Synthese freier Radikale in der 2. Hälfte des 19. Jahrhunderts waren demnach schon richtig gewählt, nur fehlten die strukturellen Voraussetzungen der Beständigkeit [50a] dieser Radikale, so daß sie schnell dimerisierten.

Die Entwicklung der Radikaltheorie in ihrer 3. Periode war zweifellos stark von der Physik beeinflußt. Die neuen physikalischen Methoden einerseits, und der Einsatz quantentheoretischer Rechenverfahren führten zu sehr detaillierten Kenntnissen der Strukturen und der Reaktivität freier Radikale und deren gegenseitiger Abhängigkeit. Erst durch dieses vertiefte Verständnis konnte die Radikalchemie in der Synthese erfolgreich eingeführt werden und zur Lösung von Problemen in komplexen Systemen wie der Atmosphärenchemie beitragen.

Während die Radikalchemie von der Physik stark befruchtet wurde, hat sie ihrerseits auf die Entwicklung wichtiger Gebiete der Biologie eingewirkt. In den letzten 20 Jahren wurde in steigendem Maße auch die große Bedeutung radikalischer Reaktionen in lebenden Systemen erkannt [20, 89–91]. Sie sind Teil des normalen Ablaufs der Lebensprozesse, teilweise aber auch eine Gefährdung biologischer Strukturen, andererseits wiederum an biologischen Schutzfunktionen beteiligt.

Bei der Übertragung der Radikalreaktionen auf das lebende System muß man sich allerdings bewußt sein, daß einerseits die Reaktionsmechanismen in vitro und in vivo, also in der Zelle, die gleichen sind wie in Lösung, andererseits in den komplexen biologischen Strukturen auch neue Gesichtspunkte und Gesetzmäßigkeiten reaktivitätsbeeinflussend sein können [92]. Die in homogener Lösung für freie Radikale festgestellten Gesetzmäßigkeiten werden biologisch modifiziert, so daß sehr selektive Reaktionen möglich werden. Einmal ist zu berücksichtigen, daß die Zellen, das Gewebe und Organe, an denen die Reaktionen erfolgen, heterogene Strukturen sind, so daß die Reaktionen ortsspezifisch ablaufen. Hierdurch kann sowohl die Chemoselektivität als auch die Regio- und Stereoselektivität, wie bei Enzymreaktionen üblich, im Vergleich zur Reaktivität in homogener Lösung dramatisch gesteigert werden. So kann man z. B. durch ionisierende Strahlung entstandene OH-Radikale in biologischen Systemen nicht generell durch Zusatz von Abfängern wie Glutathion neutralisieren und am Angriff an der in lokaler Nachbarschaft befindlichen DNA [93] hindern, weil der Abfänger nicht an den Ort des Reaktionsgeschehens gelangt. Nur Abfänger, die mit dem beteiligten Enzymsystem, z. B. über das Schwermetall koordiniert gebunden sind, bleiben wirksam. Die Kompartimentierung der ablaufenden Reaktionen kann auch durch negative Katalyse [94] störende, unselektive Folgereaktionen verhindern. Durch die damit einhergehende Verlängerung der Lebensdauer der radikalischen Intermediate können diese Reaktionen eingehen, die in Lösung, wegen ihrer höheren Aktivierungsenthalpie, nicht zum Zuge kommen. Dies ist z. B. bei der Wirkung von Vitamin B_{12} der Fall, das eine Anzahl von Umlagerungsreaktionen katalysiert, die in homogener Lösung nicht auftreten [94]. Die Radikalbildung erfolgt durch die Spaltung einer schwachen Cobalt-Kohlenstoffbindung, deren Existenz eine Besonderheit dieses Vitamins ist.

Reaktionsschema für Vitamin B_{12}

Man kennt heute einige Enzyme, die sich zur Wahrnehmung ihrer Funktion radikalischer Reaktionen bedienen, und es ist zu vermuten, daß noch weitere entdeckt werden. Ein eindrucksvolles Beispiel ist die durch Prostaglandin-Synthase katalysierte Sauerstoffoxidation von Arachidonsäure [92]. Es entsteht das bicyclische PGG_2 die zentrale Zwischenverbindung der Synthese einer Reihe von Molekülen, die für biologisch wichtige Funktionen, wie z. B. die Blutgerinnung oder die Muskelrelaxation verantwortlich sind. Bemerkenswert ist bei dieser Biosynthese, daß aus dem achiralen Vorläufer, der Arachidonsäure, das PGG_2 mit nicht

Produkte der radikalischen enzymatischen Oxydation der Arachidonsäure

weniger als 5 Chiralitätszentren entsteht. Eine Stereospezifität wie diese ist in Lösung undenkbar.

In vielfältiger Weise sind Radikale an biologischen Redoxreaktionen, wie der Photosynthese, der Stickstoffixierung oder der Atmungskette beteiligt. Während der Phagozytose verbrauchen Leukocyten ein vielfaches des Ruheverbrauchs an Sauerstoff. Dies führt u. a. zur Bildung von Wasserstoffsuperoxid durch eine zweistufige Reaktion mit dem Superoxid-Radikalanion als Zwischenstufe.

$$NADPH + H^+ + 2O_2 \xrightarrow[\text{Oxidase}]{\text{NADPH}} NADP^+ + 2O_2^{\bullet -} + 2H^+$$

$$2O_2^{\bullet -} + 2H^+ \xrightarrow[\text{Dismutase}]{\text{Superoxid}} O_2 + H_2O_2$$

Dieses Radikal wird enzymatisch schnell durch Superoxiddismutase verbraucht. Dies ist eine Schutzfunktion, weil Superoxid-Radikalanionen ebenso wie die bei der Reduktion von H_2O_2 und Peroxid entstehenden OH-Radikale Zellstrukturen oder DNA-Ketten angreifen und zerstören können. Während das Zellinnere durch eine hohe Konzentration dieses Enzyms geschützt wird, ist das bei extrazellulären Strukturen nicht der Fall. Man nimmt an, daß Vitamin E [95] und teilweise auch Vitamin C [96], beides gute Radikalabfänger, eine Schutzfunktion ausüben.

Das Erkennen dieser, auch für die Medizin wichtigen, Zusammenhänge, hat dazu geführt, daß sogar in der Tagespresse [97] und der Magazinpresse [98] über Radikalreaktionen berichtet wird. Dort [98] heißt es: „Haben Sie schon mal was von Freien Radikalen gehört? Nein, es geht nicht um Politik, sondern um Chemie. Die Freien Radikale, aggressive Atome und Moleküle, waren das beherrschende Thema eines dreitägigen Kongresses von 500 Wissenschaftlern aus 30 Ländern in London. Beherrschend deshalb, weil man inzwischen mehr über sie weiß, über ihre zerstörerische Wirkung und darüber, wie man den menschlichen Körper vor ihnen schützen kann. Ganz konkret: Wie man Krebserkrankungen, Herzinfarkt, Grauen Star, manche Rheumaformen und Nervenkrankheiten eindämmen, vielleicht sogar das Altern beeinflussen kann. Wichtig: Hier geht es um wirksames Vorbeugen vor sich langsam entwickelnden Krankheiten, nicht um Heilen bereits bestehender Krankheiten".

Ausblick

Ich hoffe in diesem Essay über die Entwicklungsgeschichte einer chemischen Theorie, der Radikaltheorie, aufgezeigt zu haben, wie immer die jeweils chemischen Denkstrukturen ihrer Zeit für den Fortschritt verantwortlich waren. Die Frage nach der Struktur der Materie und der Definition des Molekülbegriffs führte über zum Begriff des Radikals. Die Frage nach der chemischen Bindung und die Hypothese der Elektronenpaarbindung war von der Struktur der Moleküle geprägt, führte aber über zum freien Radikal und zu Fragen der Reaktivität. Die Entdeckung des Prinzips der Kettenreaktion mit Hilfe der Reaktionskinetik und ihrer Gesetzmäßigkeiten folgten aus chemischen Beobachtungen und ermöglichten schließlich die Quantifizierung der Reaktivität vieler Radikale. Zur Interpretation der ESR-Spektren bediente man sich der chemischen Strukturkenntnisse der bekannten beständigen und später der kurzlebigen Radikale. Ähnlich wird auch die Erschließung der Radikalchemie in biologischen Systemen verlaufen. Chemische Theorien nehmen meist einen empirisch anschaulichen Anfang, lassen sich dann aber unter dem Einfluß der Physik in einfachen Systemen im allgemeinen auf eine quantitative, physikalische Grundlage zurückführen. Um sie im Alltag des wissenschaftlich arbeitenden Chemikers anzuwenden, bedarf es oft nicht der abstrakten Theorie. Die Interpretation eines komplizierten ESR-Spektrums oder der Wirkungsweise von Vitamin B_{12} gelingt dem Chemiker, der Erfahrung in Molekülstrukturen und Reaktivitätsfragen besitzt, leichter als dem Physiker oder Biologen. Inzwischen gibt es eine Buchreihe „Free Radicals in Biology" [191], die zeigt wie die chemische Radikaltheorie zum Verständnis komplexer biologischer Vorgänge beitragen kann, ebenso wie physikalische Theorien zum Verständnis und zur Entwicklung der Radikalchemie beigetragen haben. Die Chemie findet auf einer Ebene mittlerer Komplexität statt. Hier liegt ihre eigentliche Domäne und ihre Brückenfunktion zu den anderen Naturwissenschaften wie der Molekularbiologie und der Medizin.

Literatur

1. RÜCHARDT C (1987) Das Molekül des Chemikers, ein zentrales Paradigma der Neuzeit. Freiburger Universitätsblätter **98**, 15
2. HOFFMANN R (1988) Angew. Chem. **100**, 1653; Angew. Chem. Int. Ed. Engl. **27**, 1593
3. WATSON JD (1969) Die Doppelhelix. Rohwolt, Hamburg
4. WALDEN P (1924) Chemie der freien Radikale. S. Hirzel, Leipzig
5. RICE FO, RICE KK (1935) The Aliphatic Free Radicals. The John Hopkins Press, Baltimore
6. WATERS WA (1946) The Chemistry of Free Radicals. Oxford University Press, London

7. STEACIE EWR (1954) Atomic and Free Radical Reactions, 2. Ausg. Reinhold Publ. Corp., New York
8. WALLING Ch (1957) Free Radicals in Solution. John Wiley, New York
9. KOCHI JK (Hrsg) (1973) Free Radicals, Bd. 1+2. John Wiley, New York
10. WILLIAMS GH (Hrsg) (1965–1972) Advances in Free Radical Chemistry, Bd. 1–4. Logos Press, London; (1975) Bd. 5. Academic Press, London; (1980) Bd. 6. Heyden, London
11. HUYSER ES (Hrsg) (1969–1974) Methods in Free Radical Chemistry, Bd. 1–5. Marcel Dekker, New York
12. BUCHACHENKO AL (1965) Stable Radicals. Consultants Bureau, New York
13. FORRESTER AR, HAY JM, THOMSON RH (1968) Organic Chemistry of Stable Free Radicals. Academic Press, London
14. HOUBEN-WEYL, REGITZ M, GIESE B (Hrsg) (1989) Methoden der Organischen Chemie, Bd. E 19a, Teil 1+2. G. Thieme, Stuttgart
15. Free Radicals in Solution (1967) International Symposium, 21–24 Aug. 1966. Butterworths, London
16. KAISER ET, KEVAN L (1968) Radical Ions. Interscience, New York London Sydney
17. INGOLD KU, ROBERTS BP (1971) Free Radical Substitution Reactions. Wiley-Interscience, New York
18. EBERSON L (1987) Electron Transfer Reactions in Organic Chemistry. Springer, Berlin Heidelberg New York Tokio
19. VIEHE HG, JANOUSEK Z, MERÉNYI R (Hrsg) (1986) Substituent Effects in Radical Chemistry. NATO ASI-Series C, Bd. 189. D. Reidel, Publ. Co. Dordrecht, Boston Lancaster Tokyo
20. MINISCI (Hrsg) (1988) Free Radicals in Synthesis and biology. NATO ASI-Series C, Bd. 260. Kluwer Academic Publ., Dordrecht Boston London
21. LAVOISIER AL (1789) Traité Élementare de Chimie. Cuchet, Paris **1**, 293
22. WALLING Ch (1986) J. Chem. Educ. **63**, 99
23. WATERS WA (1984) Notes and Records of the Royal Society of London, **39**, 105
24. s. Lit. 4, S. 9
25. BERZELIUS JJ (1833) Liebigs Ann. Chem. **6**, 173
26. LIEBIG J (1834) Liebigs Ann. Chem. **9**, 1
27. BUNSEN RW (1842) Liebigs Ann. Chem. **42**, 14
28. Lit. 4, S. 12
29. KEKULÉ A (1857) Liebigs Ann. Chem. **104**, 143; (1858) **106**, 146
30. s. Lit. 4, S. 41
31. MCBRIDE JM (1974) berichtet die Entdeckungsgeschichte im Detail. Tetrahedron **30**, 2009
32. WIELAND H (1909) Ber. **42**, 3020; (1911) **44**, 2550; (1915) **48**, 1096
    WIELAND H, MAIER KH (1911) Ber. **44**, 2557; (1951) **64**, 1205
33. WIELAND H (1908) Ber. **41**, 3478; (1909) **42**, 3498
34. WIELAND H, OFFENBÜCHER M (1914) Ber. **47**, 2111
    WIELAND H, ROTH K (1920) Ber. **53**, 210
    WIELAND H, KÖGL F (1922) Ber. **55**, 1798
35. KOELSCH CF (1957) J. Am. Chem. Soc. **79**, 4439
    s. a. LASZLO P (1987) N. J. Chem. **11**, 379

36. 1. Arbeit: WIELAND H (1915) Ber. **48**, 1098;
letzte Arbeit: WIELAND H, MEYER A (1942) Liebigs Ann. Chem. **551**, 249
37. GORTLER L (1985) J. Chem. Educ. **62**, 753 ff
HAMMETT LP (1940) Physical Organic Chemistry. McGraw-Hill, New York
38. s. Lit. 23, S. 108
39. LEWIS GN (1916) J. Am. Chem. Soc. **38**, 762
40. LEWIS GN (1923) Valence and Structure of Atoms and Molecules. Chemical Catalog Co., New York 148
41. s. Lit. 9, S. 7 ff.
42. s. Lit. 3 und 4
43. SACHSSE H (1937) Angew. Chem. **50**, 847
44. BODENSTEIN M (1913) Z. Phys. Chem. Abt. A, **85**, 329
45. NERNST W (1918) Zeitschrift Elektrochem. **24**, 335
46. s. z. B. HUYSER ES (1970) Free Radical Chain Reactions. Wiley-Interscience, New York
47. PANETH F, HOFEDITZ W (1929) Ber. **62**, 1335
48. STAUDINGER H (1920) Ber. **53**, 1073
s. a. STAUDINGER H (1960) Die hochmolekularen organischen Verbindungen. Springer, Berlin Heidelberg New York, 150
Der Begriff Polymer wurde schon von J. J. BERZELIUS, Fortsch. phys. Wissenschaft (1833) **12**, 63 geprägt
49. CRIEGEE R (1949) Fortsch. Chem. Forschung **1**, 508
s. a. LLOYD WG, in Lit. 8, Bd. 4, 1
50. HABER F, WILLSTÄTTER R (1931) Ber. **64**, 2844
50a. GRILLER D, INGOLD KU (1976) Acc. Chem. Res. **9**, 13
51. KHARASCH MS, ENGELMANN H, MAYO FR (1937) J. Org. Chem. **2**, 288
MAYO FR (1986) J. Chem. Educ. **63**, 97
WESTHEIMER FH (1960) Bibliographical Memoirs, Bd. 34. NAS of the US Columbia University Press, NY
52. HEY DH, WATERS WA (1937) Chem. Rev. **21**, 169
53. FLORY JP (1937) J. Am. Chem. Soc. **59**, 241
54. HÜCKEL P (1937) Zeitschr. Elektrochemie **43**, 827
55. Naturforschung und Medizin in Deutschland 1939–1946 (1953) Bd. **34**, 35 (HÜCKEL W, Hrsg) Verlag Chemie, Weinheim, Bd. **89** (SEEL F), Bd. **105** (SCHULZ GV)
56. Naturforschung und Medizin in Deutschland 1939–1946 (1948) Bd. **30** (CLUSIUS K, Hrsg) Diederichsche Verlagsbuchhandlung, Wiesbaden, Bd. **65** (SCHUMACHER HJ), Bd. **85** (SCHULZ GV)
57. s. Lit. 9, S. 88 ff
58. GRILLER D, INGOLD KU (1980) Acc. Chem. Res. **13**, 317
59. BECKWITH LJ, GRILLER D, LORAND JP (1984) In: FISCHER H (Hrsg) Landold-Börnstein, New Ser., Bd. II/13a–13e. Springer, Berlin Heidelberg New York
60. a) RÜCHARDT C (1970) Angew. Chem. **82**, 845; Angew. Chem. Int. Ed. Engl. **9**, 830
b) TEDDER JM (1982) Angew. Chem. **94**, 433; Angew. Chem. Int. Ed. Engl. **21**, 401
61. a) RÜCHARDT C (1980) Top. Curr. Chem. **88**, 1
b) RÜCHARDT C, BECKHAUS H-D (1986) Top. Curr. Chem. **130**, 1

62. a) BARTLETT PD, RÜCHARDT C (1960) J. Am. Chem. Soc. **82**, 1753
    b) TEDDER JM (1982) Tetrahedron **38**, 313
63. FLEMING I (1979) Grenzorbitale und Reaktionen organischer Verbindungen, Kap. 5. Verlag Chemie, Weinheim New York
64. s. z. B. SYMONS M (1978) Chemical and Biochemical Aspects of Electron-Spin-Resonance-Spectroscopy. van Nostrand Reinhold Co., New York
65. s. z. B. CARPENTER B (1984) Determination of Organic Reaction Mechanisms. Wiley-Interscience, New York 169–175
66. NORRISH RGW, PORTER G (1949) Nature **164**, 658
67. BARGON J, FISCHER H (1967) Z. Naturf. **22a**, 1551
    WARD HR (1967) J. Am. Chem. Soc. **89**, 5517
    RICHARD C, GRANGER P (1974) NMR, Grundlagen und Fortschritte. In: DIEHL P, FLUCK E, KOSFELD R (Hrsg) Bd. **8**. Springer Verlag, Berlin Heidelberg New York
    LEPLEY AR, CLOSS GL (1973) Chemically Induced Magnetic Polarization. John Wiley, New York
68. Über den Stand der präparativen Anwendung der Radikalchemie 1964 bzw. 1978 berichten SOSNOVSKY G (1964) Free Radical Reactions in Preparative Organic Chemistry. The MacMillan Co., New York
    DAVIES DI, PARROTT MJ (1978) Free Radicals in Organic Synthesis. Springer Verlag, Berlin Heidelberg New York
69. BARTON DHR, BEATON JM, GELBERT LE, PECHET MM (1960) J. Am. Chem. Soc. **82**, 2640
    HESSE RH in Lit. 7, Bd. 3, 83
    s. a. CURRUTHERS W (1978) Some Modern Methods of Organic Synthesis, 2. Aufl. Cambridge University Press, Cambridge, Kap. 4
70. BRESLOW R, CORCORAN RJ, SNIDER BB, DOLL RJ, KHANNA PI, KALEYA R (1977) J. Am. Chem. Soc. **99**, 965
    BRESLOW R (1988) Chemtracts: Org. Chem. **1**, 333
    WHITE P, BRESLOW R (1990) J. Am. Chem. Soc. **112**, 6842
71. BECKWITH ALJ (1980) In: DE MAYO P (Hrsg) Rearrangements in Ground and Transition States, Bd. 1. Academic Press, New York, Kap. 4
72. RAMAIAH M (1987) Tetrahedron **43**, 3541
73. GIESE B (Hrsg) (1985) Tetrahedron Symposium-in-Print, No. 22
    Tetrahedron (1985) **41**, 3887 ff
74. GIESE B (1986) Radicals in Organic Synthesis: Formation of Carbon-Carbon Bonds. Pergamon Press, Oxford
75. CURRAN DP (1988) Synthesis 417, 489
76. MINISCI F (1976) Topics in Current Chem. **62**, 1
77. MINISCI K (1973) Synthesis 1
    DENO NC in Lit. 8, Bd. 3, 135
78. MINISCI F, FONTANA F, VISMARA E (1990) J. Heterocycl. Chem. **27**, 79
    MINISCI F, VISMARA E, FONTANA F (1989) Heterocycles **28**, 489
79. KORNBLUM N (1975) Angew. Chem. **87**, 797; Angew. Chem. Int. Ed. Engl. **14**, 734
80. RUSSEL GA, KHANNA RK (1987) Amer. Chem. Soc. Adv. Ser. **215**, 355
81. ROSSI RA, DE ROSSI RH (1983) Aromatic Subsitution by the S_{RN}^1 Mechanism. ACS Monograph **178**

82. PORTER NA, GIESE B, CURRAN DP (1991) Acc. Chem. Res. **24**, 296
83. BARTON DHR, MOTHERWELL WB (1981) In: TROST BM, HUTCHINSON CR (Hrsg) Organic Synthesis Today and Tomorrow. Pergamon Press, Oxford **1**
84. EBERSON L (1980) In: SCHEFFOLD R (Hrsg) Modern Synthetic Methods, Bd. 2, 1. Salle und Sauerländer Verlag, Frankfurt a. M., Aarau
85. PRYOR WA (Hrsg) (1980) Frontiers of Free Radical Chemistry. Academic Press, New York, 171 (J. A. Kerr)
    ANDERSON JG (1987) „Free Radicals in the Earth's Atmosphere". Ann. Rev. Phys. Chem. **38**, 489
86. PETRAKIS L, GRANDY DW (1983) Free Radicals in Coal and Synthetic Fuels. Elsevier, Amsterdam
87. s. Lit. 85, S. 73 (BRADELEY JN), 93 (PURNELL JH), 117 (REBIK C), 195 (HAZLETT RN)
88. CALZOFERRI G, FORSS L, SPAHNI W (1987) Chem. Unserer Zeit **21**, 161
89. HALLIWELL B, GUTTERIDGE JMC (1985) Free Radicals in Biology and Medicine. Clarendon Press, Oxford
90. BOSCHKE FL (Hrsg) (1983) Radicals in Biology. Topics in Current Chemistry **108**
91. PRYOR WA (Hrsg) (1976) Free Radicals in Biology, Vol. I, (1984) Vol. VI. Academic Press, New York
    STUBE JA (1988) Biochemistry **27**, 3893
    ABELES RH, DOLPHIN D (1976) Acc. Chem. Res. **9**, 114
92. LOW R, PORTER NA, in Lit. 20, 469
93. SCHULTE-FROHLINDE D, HILDENBRAND K, in Lit. 20, 335
94. RETEY J (1990) Angew. Chem. **102**, 373; Angew. Chem. Int. Ed. Engl. **29**, 355
95. GRILLER D, INGOLD KU (1980) Acc. Chem. Res. **13**, 317; (1989) Aldrichimica Acta **22**, 69
96. s. Lit. 90, 100
97. FURTMAYR-SCHUH A (1990) Die Rolle der Vitamine. DIE ZEIT 12. 1. 1990
98. HARRACH S (1989) Die neuen Lebensretter. BRIGITTE 15. 11. 1989

Sitzungsberichte der Heidelberger Akademie der Wissenschaften
Mathematisch-naturwissenschaftliche Klasse

Die Jahrgänge bis 1921 einschließlich erschienen im Verlag von Carl Winter, Universitätsbuchhandlung in Heidelberg, die Jahrgänge 1922–1933 im Verlag Walter de Gruyter & Co. in Berlin, die Jahrgänge 1934–1944 bei der Weißschen Universitätsbuchhandlung in Heidelberg. 1945, 1946 und 1947 sind keine Sitzungsberichte erschienen.

Ab Jahrgang 1948 erscheinen die „Sitzungsberichte" im Springer-Verlag.

Inhalt des Jahrgangs 1989:
1. K. zum Winkel. Zur Problemgeschichte der Klinischen Radiologie. DM 19,–.
2. W. Doerr. Über den Krankheitsbegriff – dargestellt am Beispiel der Arteriosklerose. DM 53,–.
3. E. Mosler, W. Folkhard, W. Geercken, E. Knörzer, H. Nemetschek-Gansler, Th. Nemetschek, M. H. J. Koch, P. P. Fietzek. Strukturdynamik nativer und künstlich vernetzter Sehnenfasern. DM 19,80.
4. E. K. F. Bautz, J. R. Kalden, M. Homma, E. M. Tan (Eds.). Molecular and Cell Biology of Autoantibodies and Autoimmunity – Abstracts, 1st International Workshop, July 27–29, 1989, Heidelberg. DM 56,–.
5. R. Bayer, P. Schlosser, G. Bönisch, H. Rupp, F. Zaucker, G. Zimmek. Performance and Blank Components of a Mass Spectrometric System for Routine Measurement of Helium Isotopes and Tritium by the ^{3}He Ingrowth Method. DM 25,–.

L. Arab-Kohlmeier, W. Sichert-Oevermann, G. Schettler. Eisenzufuhr und Eisenstatus der Bevölkerung in der Bundesrepublik Deutschland. Supplement. DM 80,–.

Inhalt des Jahrgangs 1990:
1. M. Becke-Goehring. Freunde in der Zeit des Aufbruchs der Chemie. Der Briefwechsel zwischen Theodor Curtius und Carl Duisberg. DM 48,–.
2. G. Conte, F. Giannessi, M. Cornali. Hemodynamics and the Development of Certain Malformations of the Great Arteries. – B. Chuaqui. Comments. DM 19,–.
3. F. Linder, J. Steffens, M. Ziegler. Surgical Observations and Their Consequences. DM 15,–.
4. A. Mangini, A. Eisenhauer, P. Walter. The Relevance of Manganese in the Ocean for the Climatic Cycles in the Quaternary. DM 18,–.
5. H. Mohr. Der Stickstoff – ein kritisches Element der Biosphäre. DM 25,–.
6. F. Vogel. Humangenetik und Konzepte der Krankheit. DM 18,–.
7. H. Zehe. „Gott hat die Natur einfältig gemacht, sie aber suchen viel Künste". Goethes Reaktion auf die Fraunhoferschen Entdeckungen. DM 26,50.

R. Bernhardt, Z. Feng, J. Siegrist, P. Cremer, Y. Deng, G. Dai, G. Schettler. Die Wuhan-Studie. Eine prospektive Vergleichsstudie über Risikofaktoren und Häufigkeit der koronaren Herzerkrankung bei 40- bis 60jährigen chinesischen und deutschen Arbeitern. Supplement. DM 42,–.

K. Beyreuther, G. Schettler (Eds.). Molecular Mechanisms of Aging. Supplement. DM 54,–.

J. Harenberg, D. L. Heene, G. Stehle, G. Schettler (Eds.). New Trends in Haemostasis. Coagulation Proteins, Endothelium, and Tissue Factors. Supplement. DM 68,–.

MIX
Papier aus verantwortungsvollen Quellen
Paper from responsible sources
FSC® C105338

If you have any concerns about our products,
you can contact us on
ProductSafety@springernature.com

In case Publisher is established outside the EU,
the EU authorized representative is:
**Springer Nature Customer Service Center GmbH
Europaplatz 3, 69115 Heidelberg, Germany**

Printed by Libri Plureos GmbH
in Hamburg, Germany